超越设计课·速写轻松学

马克笔速写
设计师的手绘小册
marker sketch

机械工业出版社
CHINA MACHINE PRESS

刁晓峰 著

超越设计课 速写轻松学

马克笔速写

设计师的手绘小册

marker sketch

机械工业出版社
CHINA MACHINE PRESS

刁晓峰 著

马克笔有着众多执着的爱好者，我也是其中的一个。

　　而它的使用技法远没有想象中那么单一和固定。本书作为丛书"超越设计课　速写轻松学"的第二本，继续以生活和旅行为载体，向读者剖析马克笔的特性及使用方式。

　　本书作为学生和设计师的参考书籍，也作为热爱生活的人们的读本，主要涵盖了两个层面的内容：

　　第一个层面——传授技法，探讨马克笔作为工具对绘画的作用以及其自身风格的描述。

　　第二个层面——打碎技法，马克笔只是设计表现的一种工具，它存在的意义更多的是人们对专业的需求，因此，如何以去风格化的方式对物体进行表现，对人们长期使用马克笔有重要的思考意义。

　　通过阅读本书不仅能促进审美的提高，也能避免陷入技法的深渊。任何手绘方式，技法都是必须的入门方式，否则此次手绘旅途将无法开启，然而技法本身却又是制约风格形成和发展的因素。本书从全局角度出发，立足有利于读者长期发展的立场，阐述对于马克笔绘画的观点，从共性到个性的缓慢转变。

SHALMER·PURE PARFUM

我不会在旅行时背一大袋马克笔……

　　那样会让我的旅途徒增很多负担，因为对我个人而言，以画画为目的的行为始终还是不能取代旅途中的玩乐，在旅途中画画远比在画画中旅行更愉快，所以通常我会选择携带固体水彩外出。马克笔作为当前较为流行的设计类表现工具，有无法取代的优点和特性。因此各种照片资料也就成了训练的重要素材，对于广大设计师而言也是方便而有效的提高方式。坐在书桌前，打开手机中的照片库，摊开一大堆工具，随手可画。

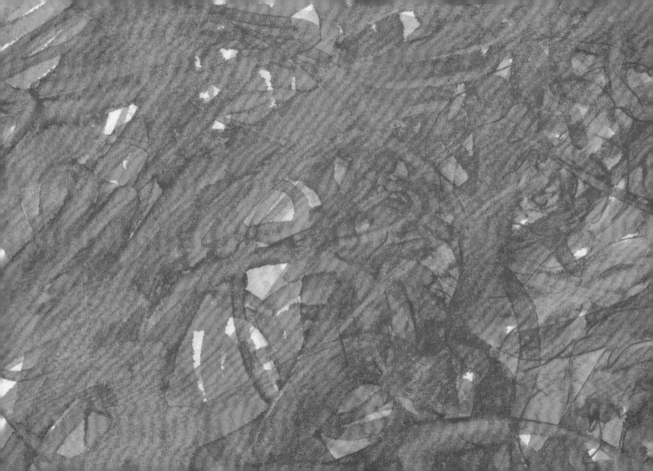

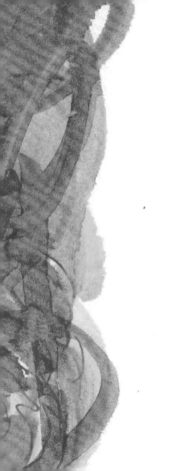

色 color

色彩感觉，并非与生俱来。
色彩感觉源于后天的心态。所谓色彩感
觉好，其实也只是心态好，敢于大胆搭
配和尝试，把内心深处最纯粹的想法汹
涌而坦诚地释放出来，形成难以琢磨的
奇妙；所谓色彩感觉不好，则更多的是
内心的挣扎和纠结，对于物体的表面颜
色太过于追求形式感和协调感。然而色
彩并不需要单纯的和谐，它是个中性词，
无论平静还是冲突，美就好。

色彩的选择

The Roof

3

色相环，转晕了没?

色相环，原本就只是一种理性条件下存在的光谱色系，而在画画的时候，很难真正地随时思考位于色相环内的邻近色、互补色，取而代之的是一种感性的行为。然而任何感性认识的基础需要达到最起码的认知，率性而为，并非胡乱涂鸦。每个人心里都有自己归纳出来的色系，我把自己需要的颜色简单地从色相环里截取出来，归纳为"蓝、黄、红、绿"四色。红、黄、蓝为三原色，绿色为复色。

每个基础色都会向冷暖两个方向延伸，分别得到两个邻近色，这也就是我自己在外出写生得携带的 12 个色彩（并非指 12 只笔），在此基础上添补一些灰色（包括冷灰和暖灰），这色彩，就足以够我使用。因为在专业的马克笔纸上，是可以进行适当调色的，这有点类似于水彩然而马克笔特有的光感和相互调和后产生的奇妙的晕彩与水彩截然不同，各有特色。

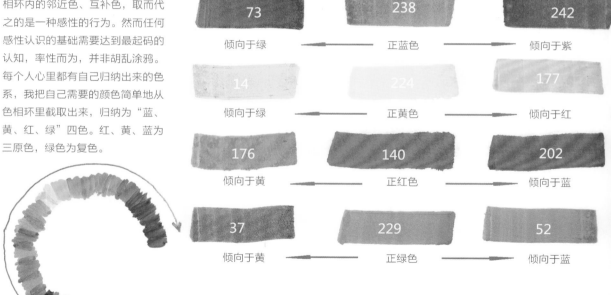

73	238	242
倾向于绿 ←— 正蓝色 —→		倾向于紫
14	224	177
倾向于绿 ←— 正黄色 —→		倾向于红
176	140	202
倾向于黄 ←— 正红色 —→		倾向于蓝
37	229	52
倾向于黄 ←— 正绿色 —→		倾向于蓝

CRRISI · CRRON·NE LANA

5

马克笔一共两百多种颜色，到底如何选购？

1. 购买厂商推出的"景观 30 色"或者"建筑 30 色"。

缺点 这些颜色不一定都适合自己，并且容易失去个性和画面的艺术语言。

优点 不用动脑筋去配色，便捷，且颜色风险较小。

2. 购买全套马克笔。

缺点 价格较高，并且过于笨重，不便于携带。

优点 颜色齐全，能自主筛选和界定自己喜欢的颜色。

3. 自己制定选笔计划。

缺点 需要付出太多精力和心血，因为颜色的选择不是一个简单的概念，需要涉及多方面的使用习惯。

优点 每个人自己精心选出来的颜色，肯定是适合自己的，也是别人不容易随便抄袭的色号。

刚才提到了归纳出来的色彩系列，也只是一个参考，购买马克笔的时候就可以以此为依据进行选择。其实马克笔并不贵，买全套也不是问题，之所以预先归纳是为了尽可能提高效率，因为在面对两百多只马克笔的时候容易产生视觉眩晕，不知所措。然而如果过于极端，只备几支选用得最多的颜色，则会使自己的手绘陷入模式化的僵局，这比无法选择色号的境遇更可怕。

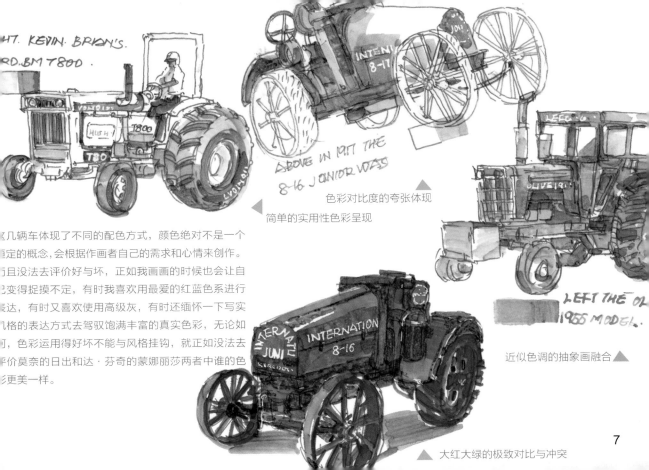

HT. KEVIN. BRION'S.
RD. BM T800 .

色彩对比度的夸张体现
简单的实用性色彩呈现

这几辆车体现了不同的配色方式，颜色绝对不是一个固定的概念，会根据作画者自己的需求和心情来创作。而且没法去评价好与坏，正如我画画的时候也会让自己变得捉摸不定，有时我喜欢用最爱的红蓝色系进行表达，有时又喜欢使用高级灰，有时还缅怀一下写实风格的表达方式去驾驭饱满丰富的真实色彩，无论如何，色彩运用得好坏不能与风格挂钩，就正如没法去评价莫奈的日出和达·芬奇的蒙娜丽莎两者中谁的色彩更美一样。

近似色调的抽象画融合 ▲

7

▲ 大红大绿的极致对比与冲突

如果是旅行，就少准备一些工具，马克笔本身就够笨重了，别再携带一大堆绘画工具了，因为最后会发现能用的没几样。其实，一个马克笔专用本，一套常用色马克笔，一支签字笔或者一支铅笔就足够了。当然，如果不是在旅途中使用，而是在工作室使用，那么所有丰富的工具都可以准备，例如，用于稀释马克笔颜料的酒精、用于预留高光的水彩留白胶等。

马克笔专用速写本

75% 酒精溶液　　水彩留白胶

根据自己的喜好和场景的特点，用不同的勾线笔起稿，可以得到不同的效果，然而这个区别很微弱，不足以定义为不同的风格，工具，仅仅是工具而已。　▶

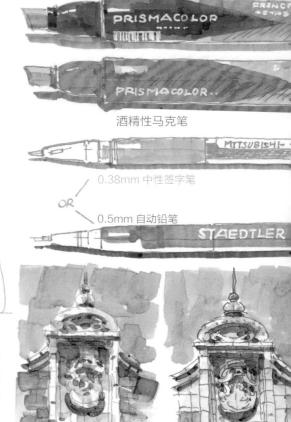

酒精性马克笔

0.38mm 中性签字笔

OR

0.5mm 自动铅笔

暖灰色系

| 73 | 186 | 282 |

冷灰色系

| 87 | 67 | 274 |

冷暖灰色最好分清主次

冷暖色的过分交替使用很容易出问题，因为对于大多数品牌的马克笔而言，暖灰色往往偏棕，冷灰色往往偏蓝。在基础教学的实践中发现能把这两个系列灰色用得协调的案例并不多见，甚至我自己也不愿意随意糅合，当然，这个也与需要表达的物体本身特性有关，在对工具使用不熟练的情况下，建议冷暖色分用，即使要合用，也不能势均力敌，要以其中之一为主。

BO-KAAP.
CAPE TOWN.

色彩的训练，是一个"返老还童"的过程。因为绝大多数基础美术教育（少儿美术除外），多以灰色作为承载画面效果的色调进行训练，这样做有两个原因，一来可以训练学生对细微色差的鉴别和操作能力，二来为高考美术作铺垫。以现阶段的美术考核评定标准，有谁敢在高考美术的色彩静物试卷里以非常夸张的鲜艳颜色去塑造？稳中求胜的应考态度决定了大部分艺考生的色彩操控力严重失衡，会"高级灰"的人很多，会"高级鲜"的没几人，然而，世界是多元的，丰富的，作为设计表达的手绘而言，又怎能忽略了对鲜艳色彩的自我训练呢？我建议多画鲜色，因为从马克笔自身的材料属性上看，画舒心的艳色远比画稳重的灰色难很多……

DENMARK.

MY ANNA SUI. PARFUM

EAU·DE TOILETTLE SETS

VENEZIA. BDG PDL·Y·2018. 2.

WUHAN·PUTIYUN 2017.

2017. SIEM READ ANGKOR. INTERNATIONAL AIRPORT. RUP

笔触与塑造

13

最难理解也最简单的问题来了，笔触。

马克笔到底该如何行笔？是强风格化，还是去风格化？

它不像水彩，水彩很难去思考笔触这个概念，而马克笔的笔触，则直接关系着作品的呈现状态。它虽然能在一定的介质条件下适当调色，然而其色彩的走窜力远不如其他工具，这也是让马克笔画容易很尴尬的原因，因为它难以界定。不过马克笔画画好了会非常好看。

曾经有朋友和我讨论过这个话题，但没有结果，我们的分歧主要在要不要体现马克笔明显的笔触风格上，如果追求明确的笔触，风格明显了，画风却死板了，脑袋僵化了，如果不追求笔触，画风灵活了，风格却减弱了。我朋友主张马克笔就一定要画出马克笔的特点，让人一眼就看得出是一幅马克笔画。而我的观点和他完全相反，我觉得马克笔只是一个工具，人要去驾驭工具，而不能反被工具驾驭，我们使用马克笔画设计表现效果图的根本目的是什么？是利用它自身的特点去轻松愉快地表达出眼前所见，心中所思，还是不顾一切，只为让人惊叹"哇，这是用马克笔画的啊？画的真好。"当然，每个人都有自己的想法，无对无错，无好无劣。不过，我个人是非常赞同去风格化的，当提起马克笔画一个苹果的时候，可以按应试风格画出一个笔触明显的苹果，也可以用力挤压笔头，让充盈的墨水使其看起来带有水彩的韵味，还可以暂时擦干笔头，使其呈现出中国画焦墨的意境，甚至可以回归童真，用最细的那一头平涂，就像回到 30 年前读小学的时候，美术老师教我们用彩色笔稀稀落落地涂着纯绿色的树叶，以及树下的妈妈和外婆。

经过各种笔触的试验，我把它们归纳成两种方式体系：直排式和揉搓式，然后又分别衍生出各种子方式。

直排式　　　　揉搓式

直排法画出的酒瓶和人物肖像 ▲　　直排法和揉搓法结合画出的酒瓶和人物肖像 ▲　　用揉搓法画出的酒瓶和人物肖像 ▲

析后大概可以看出，结合两种笔触的行笔方式，是当前对大部分马克笔爱
者来说最容易接受和掌握的，当然，不排除单独用一种笔法，或者混沌作
从不考虑笔法的画得不错的作品，任何工具都不是绝对的。

暖灰色为底，简单配以两三种颜色，
合两种用笔方式，很适合作为设计
现草图而存在。

简单的两种颜色，忽略所有细节，只为
表达建筑的基本体量和光影效果。

各种笔触相结合绘出的画面

▼

大量使用鲜红色去塑造集装箱酒吧，用
揉搓法简单磨出一些反光和投影。

MANY BOYS ARE PLAYING
WITH STONES IN VAYALOGH

在慢慢熟悉马克笔的性能以后会发现，笔触不再是重点，没有了单独讨论的意义，正如对一个长期画中国画的人而言，是工笔重彩，还是写意淡彩，对他而言都无需明确界定，所有的浓、淡、轻、重等都不再独立存在，就像砖瓦斗拱，仅仅是构建建筑的单元而已，建筑的特色才是重点。

GUIYUAN TEMPLE
WUHAN. 2017. RUBB
BUILTED IN THE QING.
DYNASTY. SOTO.

17

其实马克笔的笔触和水彩相比，还体现出不同的行为模式，当特别惧怕画一张图的时候，不妨试试马克笔，因为它会破碎掉所有的边角区域，让画面取舍出很意外的效果。

这种大红配大绿的颜色，若以水彩表达，或许还会纠结于需不需要把明度和纯度降低以使画面更和谐，但是马克笔一笔下去，鲜红无比，很难说它就和谐，然而有时候冲突不一定不好，因为它能促使我们去对物相进行反向思考，何为美，何为不美，没有答案。

除了马克笔本身，还可以结合各种媒介进行创作，比如非常好用的"马克笔加彩色铅笔"组合，彩色铅笔的细腻可以中和马克笔色彩梯度上的不足，而马克笔又可以让彩色铅笔更和谐统一。甚至还可以尝试加其他各种工具，如蜡笔、色粉笔、炭笔等。要多尝试，否则永远不知道自己下一步会创作出什么有意思的东西。

形 shape

所有训练，源于单体。

随时都能完成一张完整的作品是不
容易的，与其花很多精力筹备画面，
不如率性而为，用零碎的点滴时间
多画画生活中常见的物件，分别从
人物、汽车、陈设、植物、天空、
水体、建筑等方面进行训练，没有
创作压力，没有构图需求，无论画
出来效果如何，都是一种最原始最
有效的积累。

人物速写

人身体的骨骼、肌肉和经络非常复杂，在医学上，对其单独的研究都是一门完整的学问，因此在画画的时候我将其简化，保留对速写有用的部分，忽略作用相对次要的部分，并且分五个步骤来训练：

第一步，参考医学图谱，将人体的肌肉构造临摹一遍，因为每个人的高矮胖瘦特征不同，因此没必要刻意追求美观，达到两个目的即可：大概把肌肉的组团了解一遍；大概把人的形体外轮廓了解一遍，只需要停留在基本的认知程度即可。

第二步，根据对人体结构的初步了解和绘画上的功能需求，将人体归纳成10个部分共16块。

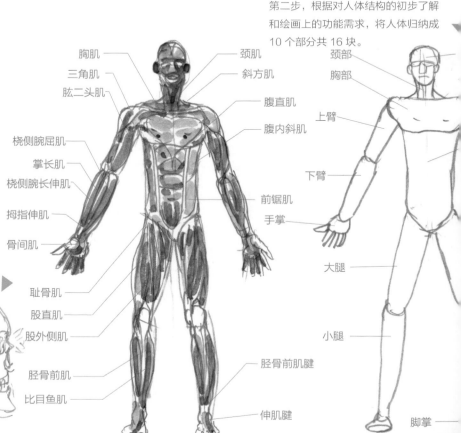

胸肌
三角肌
肱二头肌
桡侧腕屈肌
掌长肌
桡侧腕长伸肌
拇指伸肌
骨间肌
耻骨肌
股直肌
股外侧肌
胫骨前肌
比目鱼肌

颈肌
斜方肌
腹直肌
腹内斜肌
前锯肌
手掌
胫骨前肌腱
伸肌腱

颈部
胸部
上臂
下臂
手掌
大腿
小腿
脚掌

22

三步，将 10 个部分的内部壁垒全部打碎，只下人形外轮廓，这一步很重要，需要多训练。　第四步，穿上紧身的或者夏天的基本服装，得到完整的人物速写。▼　第五步，随便换多厚重的衣服都没问题了。▼

部

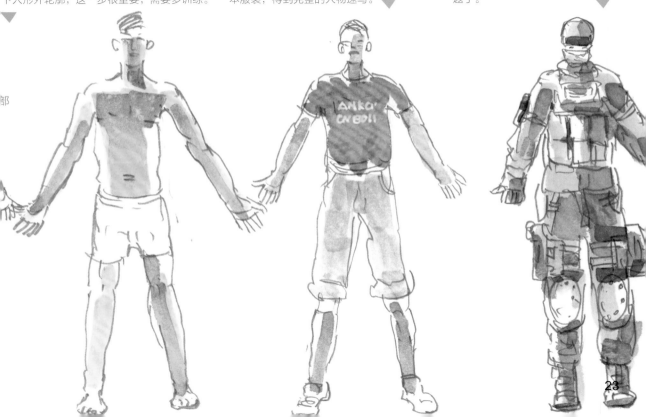

这五个步骤熟练掌握之后，人物在笔下就变成了一个个折叠木偶，大大地降低了绘画难度，增强了概括能力和整体表现力。

25

解决了人物动态之后，接下来解决人物肖像。马克笔画不如水彩画好修改，很多情况下都需要一步到位，然而在人物的塑造中，比起画建筑困难更大，与建筑物的可以随意主观处理和修改相比，人物表达一旦走样，会非常难看，无论基础如何，这一点都不可避免，当画失败后先不要重画，因为没人能保证重画第二次、第三次甚至更多次以后，就能改进。与其给自己很大的心理压力，不如把不满意的部位单独提出来重画局部。

脸画成了阴沉发黄的色调，需要重新调整面色，增加红润的气色，并且同时将五官刻画清楚。

和脸一样，手也画成了阴沉发黄的色调，显得人不精神，所以调整了色调，并且加大了留白，增加了手部的黑白灰关系以及立体感。

足弓和跟腱比例失调，脚底显得过大，不好看，重新调整了比例和颜色。

26

用马克笔画人像，比较容易失手，我自己也不例外，我画了一个外国士兵肖像，其他都好，唯独面部处理不当，使整张画看起来毫无生气。

肖像画什么最重要？特征吗？特征固然重要，然而我个人认为气息更重要，说简单一点，画出来要像活生生的人，有血有肉、有活力。所以在色调的选择上，尽可能避免用土褐色进行塑造，因为那样会显得没有血色。就像这张肖像，即使帽子和面罩花了很多精力去刻画，即使在眼睛点出了高光，仍然看起来毫无生气。

所以吸取教训，将眼部单独提出来重新画一次，换了其他颜色的马克笔去改色调，减小对其细节的刻画程度，增强笔触的流动感，这样这个肖像的气息看起来就完全不一样了。

27

我爸爸妈妈 在北京那里 得到那份爱
有趣的 有爱 探们 像这画最期人们
很，总是下下不了笔，今天觉得 好的 特别漂亮！

我和姐姐在远京川 世代 2010

28

爸爸 93年在北京

MY MOTHER.

爸爸妈妈的双寿宴会，拍了很多照片回来画。平日里画别人肖像老爱把特征抓得过分强烈，特别是画朋友肖像的时候，甚是偶尔还有丑化之嫌，朋友之间乐一乐，一笑而过。但是发现画自己至亲的时候，反而有一丝的不知如何下笔，怕特征抓过头了把爸爸妈妈画丑了，所以全都变成了卡通倾向，包括我自己。橘黄色的线条配以粉红色的背景，温暖而轻快，画笔是自己的，记忆永远是美好的。

还有以前的老照片，我想或许画一遍远比冷裱在相册里更有意义。

29

BRUSSELS, BELGIUM
2018.01. CHRISTMAS

N YEARS O
P 24h
DIREKTORI

BRUSSELS. BELGIUM
CHRISTMAS. 2018.01.

第一次在国外过圣诞节，布鲁
塞尔的街道上非常热闹，大家
都穿着圣诞老人的衣服，有些
后悔我们也应该买一套穿上，
值得回忆的新年。

我弟说我胡子得
像《鹿鼎记》里
的鳌拜，哈哈，
我也觉得，但没
那么凶。

EDTLER
O FIX·H.
RO GRAPH
30
IN GZM70H

TEACHER HE AND ME
YONG CHUAN. 2018.5.3
很多年没有看到何老师
了，感觉还是那么年轻，
怀念十九年前在师范坡
学画画的开心日子。

OLD SILVER. IN RUSSIA
20. KOHBER7 · 1915

LANGU
PHOENIX

TO12ONOTOT
CHECK POINTU.
076-853763-47

2018. ANGKOR
WUON. SIEM REAP.
CAMBODIA

"菲菲"是我最
喜欢的猫, 很肥,
白英短, 脾气有13斤重,
气非常好,
每次去武汉我
都是把它接进
来玩, 而每次
它都很黏我。

80-53S.
18-79-673

31

1 轻 先轻轻地用灰色把暗部都刷一遍，注意不用拘泥于细节，把汽车当作一个浑沌的状态来观察。

2 重 然后把画面最重的地方找出来，用与之前同色系的马克笔去归纳暗面的形体和转折面等细节。

马克笔上色，从轻色和重色的角度而言，建议按"轻－重－轻"的步骤进行，并且随时整体把握，以免死抠细节。

汽车速写

3 轻 以浅灰色中和之前的重色，找出浅色部位的转折面。用鲜艳一点的颜色轻轻点缀出配件。加入背景色，汽车绘制完成。

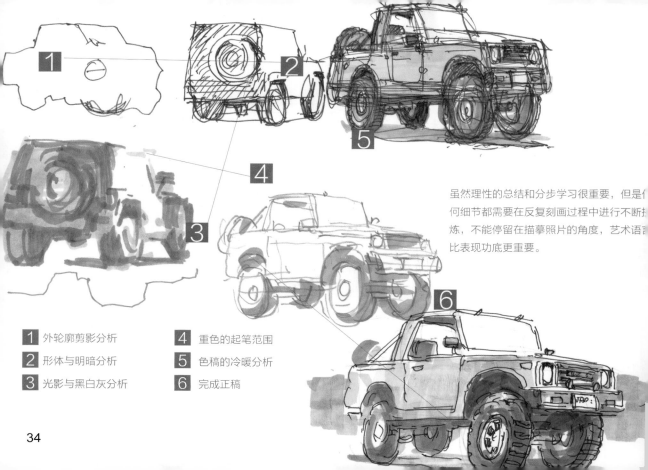

虽然理性的总结和分步学习很重要，但是任何细节都需要在反复刻画过程中进行不断捶炼，不能停留在描摹照片的角度，艺术语言比表现功底更重要。

1 外轮廓剪影分析

2 形体与明暗分析

3 光影与黑白灰分析

4 重色的起笔范围

5 色稿的冷暖分析

6 完成正稿

LANCIA MARTINI

TRANSMISSION

cio's existing transmissions were not strong enough
the supercharged engine in competition spec. The
robust German ZF five-speed was used instead.

LANCIA MARTINI
MARTINI
LANCIA RALLY 037 EVO2

MARTIN

TOYOTA
YH-7572

YH-7572

ALFA ROMEO 8C 2300 P,5

35

如同书法一样，最复杂的形体往往难度最低，只需要耐心和冷静就能得到合格的画面。黑白灰关系以及色彩的冷暖对比在此有了一个简单的呈现。

> 当拿到一个物体的时候，可以先思考一下，想画出它的雕塑感，还是工业感？也就是说，选择整体的剪影，还是细小的模块？即使同样以刻画表象为主的方式，也有很多细微的差异，主要表现在线稿和色块的协调上。

在逐渐熟练的情况下可以在尊重形体限制的基础上慢慢放开材质的区分。以色彩驾驭肌理，在透明的模块之间寻求单个元素的视觉冲突。此时仍为基础训练，形体不能在此刻化为无形，然而物体表象和镜像体之间的模糊关系，却越来越明晰和直白，并以线性方式缓慢释放。

习画很多汽车，在绘画过程中会不断地衡繁简和取舍问题，并不断在实践中得一些若隐若现的答案，这些答案，不能定风格，却能找出绘画语言的盲点。

37

CASABLANCA.

BULLDOZER LUGU LAKE. 2016.

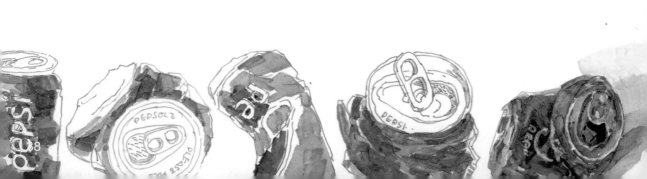

进行一定量的照片写生训练，寻找每个物品之间光影和色彩倾向上的微妙变化。

41

CHANEL. PURE PARFUM.
VITAGE. PARFUM. 14ML.
MADE IN FRANCE. 1970S
GUAI GUAI IS
MY FAVORITE.
CAT. 2018.

43

DPZ/PPB1-02
2-91-62 ERNG.
SC-11 L45-120-1-91-45
50 KG. DP2P876740-12

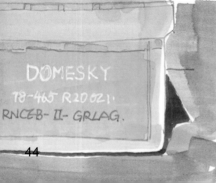

DOMESKY
18-465 R20021.
RNCEB-II-GRLAG.

62LL SL.
COOSZ1

2B11
1-53.

PZN-1
IR-h

44

比起单纯地描摹对象，可以有更多的选择去发挥画面的空间，尝试画三次同一组物体，每次都进行一些改变，会得到很多意外收获。

▲ 第一次：完全遵循客观地进行表达。

◀ 第二次：把第一次画时所有让自己不愉快的因素全部丢掉。比如紧张的线稿，过分客观而教条的配色，物体之间过于清晰的边界……尝试适当地打碎形体加以重组，让单个物体之间的空间序列产生更有意思的组合。并且进行颜色的夸张化处理。

SIMILAR COLORS AND

CONTRASTING COLORS

▲ 第三次：在第二次画面的基础上进行总结，找到可以再次调整的尺度，哪些地方可以适当严谨一点，哪些地方还不够大胆和轻松。

◀ 每次画完以后将对空间和配色的印象留在脑海里。结果并不重要，重要的是存在以及过程本身，一张画最终效果的好坏无法界定，然而能否通过不断尝试带给自己新的启发和突变才是最有意思的行为。

47

18K GOLD. IRON.
TURQUOISE. BLUE

GARUDA

ALMANDINE. PURE GOLD

TURQUOISE. RED CORAL

LA
G

LUI SHI EN (1884)
ON DISPLAY ON THE
FIRST FLOOR. B9.
HUNGARY. P59

TURQUOISE.
GOLD. PEARL

BUDAPEST

48

BAHRAIN 16-223

TURQUOISE

Darius I the Great
PERSIAN EMPIRE.

DARIUS I the GR?

BELGIAN.

TURQUOISE. SILVER

49

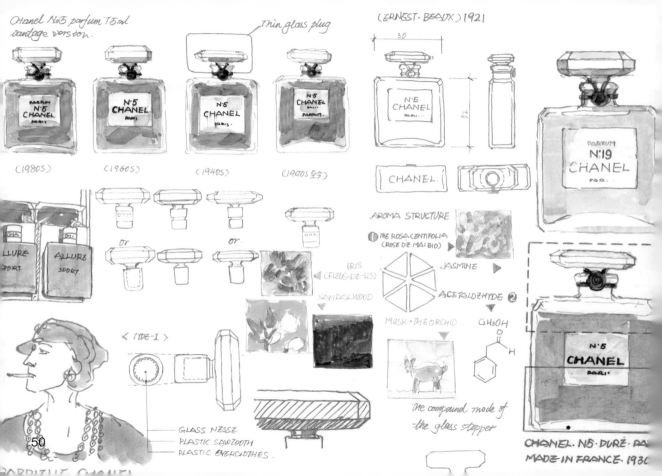

CHANEL'S EXCLUSIVE ROSE GARDEN.
WHERE THE ROSES ARE VERY IMPORTANT
INGREDIENTS FOR CHANEL NO.5 PARFUM

N·5 CHANEL

N·22 CHANEL

N·19 CHANEL.

CHANEL

51

52

每年都会收到很多小礼物,整理归档,贴上标签,放在玻璃柜里收藏起来,显然不太现实。不如把它们画下来保存。或许是因为记忆不够深刻,慢慢地竟然回忆不出这么一整页的礼物,以后养成习惯,每收到一份礼物,无论大小,都立刻画下来,保存为永远的记忆,十年以后翻开本子,如数家珍,渴望时光凝固,却无奈于岁月苍老,点点滴滴,涌上心头。

植物速写

ARECA TRIANRA
FICUS MICROCARDE

54

COTNFLOWER.
LAVENDER.
ANCENT TREES.

MOBILE HOTEL DESIGNED
BY WG3 DESIGN OFFICE
2017. DADONGZHUANG

55

GINSENG 人参

PACHYCEREUS PRINGLEI. 武伦柱

CACTUS. 仙人掌

HYDRANGEA 绣球花

ROHDEA JAPONICA 万年青

DRAGON TREE 龙血树

CORDYLINE FRUTICOSA 朱蕉

ORANGE ROSE 橙玫

56

KOCHIA SCOPARIA 地肤

GOLDEN BALL. CACTUS. 金琥

COREFLOWER. 矢车菊

CHEFCHAOUEN · MOROCCO.
NORTH AFRICA.

CHARGHI. * GUI
CAFE · RESTAURT

57

天空和水体速写

天空和水体绝对不是速写的配景，它们同样也是主体。相反，它们的表现难度更大，因为对笔触和空间进深的敏感度和细微要求很难掌控。

针对天空的训练，可以考虑选择建筑少且空间高的素材，没有建筑作为视觉重心的存在，就可以督促自己不把天空画得更深邃，更高远。

58

CHEFCHAOUEN

我们很多时候会在建筑本身的环境色里寻找天光，寻找这种天空投射在物体上的痕迹，却不敢大胆激烈地表达天空本身，当情绪得不到发泄时，无论如何推敲细致部分，都难以让整个画面变得动人，有时候豁然和停滞就在一念之间，只等自我取舍。

天空和建筑相交，这种角度看似简单几笔，却不好掌控，是手绘图里最能体现肌理和软硬对比的部分。

速写存在的意义在于空间和氛围，而天空则把这两个元素的发挥展示到极致。人们总爱在心情很好的时候仰望长空，无限感慨。漂亮的天，应该是洋溢着无限的正能量，没有压抑，没有框架，没有形体，永远让人舒心和愉悦。

双眼的距离造就了天空的广阔，
长空之下，一切景色都变配角。
无须执着，放下执着，
不等高远，只求宁静。

60

有没有觉得这张图似曾相识，
就是前面那张天空。水的画法
空类似，天空的基本形态和配
过倒置以后就变成水的基本框
在此基础上根据水本身的特点
出景物的投影就可以了。

水的倒影有两种基本形态——镜像式与非镜像式。然后在此基础上进行各种衍生和变化，就诞生出各式各样丰富生动的画面。

非镜像投影——自然界中大多数投影属于这类，由于视线距离、水体色调、风速、空气等因素的相互影响，水里依稀可见一些物体的残影。

镜像投影——这类投影在我们日常生活中不多见，多见于空气清新，水体纯净的自然景区，投影和建筑本身几乎是对等存在的，仅仅是色调稍有不同。▼

这种一点透视的街景，很容易表达出空间感，却不容易画出氛围感。在这类画面里，建筑本身的体量感成为主体，而建筑的商业氛围由于逐步消视的原因而越来越弱。画此类构图可以尽可能将前景处底楼的临街店铺作为重点刻画，以补充建筑刻画中的不足。　▶

建筑及街景速写

形体关系与光影有着巨大的联系，因为形体无法脱离光影而存在，这也是为何单线速写很难表现建筑肌理而排线速写又很难表达出轻松透气感的原因。在处理这类古建筑的时候，线稿可适当缩减，不然色块很难真正附着上去。

The Ne-Classical Arpael Memorial
at the Opusztaszer. Memorial Park.

65

偶尔尝试一下直接用马克笔起稿是有必要的，能尽可能地弱化线稿和色稿的界限。老建筑之所以难以表现，是因为它比现代建筑多了更多的装饰元素和传统符号，涉及艺术、文化、历史、宗教等方面。如紫禁城太和殿的九踩斗拱，画出结构相对容易，然而在准确表达结构的基础上将其图案和配色同时表达出来就有一定的难度，很难兼得，以线稿速写为例，轮廓线和肌理线很难和谐共存而不产生相互的影响，马克笔笔触的线宽远大于钢笔线稿，在这个视域范围内相互形成虚实对比，暂时将可能产生的细节尽量消除，产生有余地的融合，然而这样的训练不宜过多，以往有一些基础不太扎实的学生对这种画法产生了很大的兴趣，因其降低了对造型的要求，增加了细节模糊性的比重。这种旁敲侧击式的训练手法还是应该因人而异，仅作"药引"，不宜过火，任何学习都需要脚踏实地的完成。

流动的色彩和结实的形体并不矛盾，建筑的体量感并非只靠和配景的大小对比来得到体现。
建筑速写没有风格优劣之说，只看自己心里需要何种感觉，可以把锋芒毕露表达到极致，
也可以把柔性之美完全展现，当然也可以选择合二为一，刚柔并济。

街景速写最难的地方在于氛围的营造，然而最容易取得进步的点却在于具象的细节，尤其要注意以下 6 点：

(1) 门窗的厚度及层次。

(2) 墙体配饰的各种颜色和墙体本身的基础色调如何取得和谐。

(3) 人群形成的动线和建筑底层的关系。

(4) 玻璃的透明度及建筑的局部投影的虚实掌控。

(5) 建筑和街道形成的透视线是生动还是刻板。

(6) 地面需要刻画还是虚化。

69

以武汉黎黄陂路为例，街道景观兼备了中式和欧式的特征，色调比欧式冷静，形态比中式简单，在表达的时候需要处理好建筑本身的暖灰色基调和配景的关系。

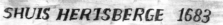

SHUIS HERTSBERGE 1683

这是比利时布鲁日的一个小街景，由于视角的原因显得细节较少，整块墙面容易被画得缺乏层次。不适合过度表现，因此把刻画重心转移在至少有的几个门窗和配景上，适当将一些鲜色提纯，灰色压低。以童趣的处理手法适当中和由于缺少细节带来的单薄感。

TEHERAN.
IRAN

restaurante
MINI & DASSA·B

ANNO 1507

GELLERT

72

GELLERT HOTEL ·AND· BATHS COMPLEX

CONVENT OF ST·GALL.
CONFÉDÉROTION SUISSE

73

KEMER KITCHEN
RESTAURANT
SIEM REAP. 2011.
KINGDOM OF
CAMBODIA.

P MOTO LAND

HIGHWAY

ENCEN OR
CENCABODIA.

AMSTERDAM.
NETHERLANDS. 2018.

2017.
WINNER

TRIP ADVISOR

KHMER KITCHEN RESTRANT
KGNCLM.

KHMER KITCHEN RESTAURANT

75

多画一些奇怪的构图
多画别人不愿意画的素材

当画了很多建筑和街景以后会慢慢步入迷茫，
这时候会思考一些构图的问题。构图是什么？
或许没有人能说得清，把构图当作一门理论
性课程个人觉得是不合理的，它是一门很高
深的学问，然而它却不是一门课程，谁敢说
自己构图绝对好？雷洪的水彩那么美，它没
有构图，密密麻麻地排列，反而不会让人觉
得不美。莫兰迪的静物也没有刻意构图，哪
怕并排摆设，画出来就是美。可以说，构图
就是不构图，这不是一个命题，而是一个思
维方向。多尝试不可能，便会发掘无数个启
发灵感的可能。

I KEPT MY FIRST YOU POINTING . 2016

THIS IS MY FIRST. PAINTING THAT.

I USED THE MATERIAL TO PROID

▲ 在小本子上用马克笔临摹自己画的油画

◀ 用马克笔无聊地画一张顺丰快递单

◀ 拍下晚上开车的仪表盘并且回家画出来

▽ 画出看似没有细节的川美隧道

▲ 画一张零碎而缺少重心的地面空间

如果去追求所谓画面的完整，也并非明智之举，因为完整和残缺原本就是相互依存的两个概念，何时完整何时残缺本应就自己的心情和作画的目的来界定。

▼暹粒河边的民居速写，建筑配色很可爱，然而周边环境很差，到底是故意杜撰式地添加周边环境，还是把邋遢的环境和干净的建筑合二为一？两者都不是我想要的答案，所以我选择了割舍，保留住心里最美好的一面。

]果去追求"三角形构图"，那么画面风格就"长时间被固定在这个世界上最稳定的几何形上。如果去追求"S形构图"，那么绘画之就像学汽车驾驶一样会不停地绕S形曲线。用前人的经验固然是好，然而惰性不能成为守成规的理由。成熟稳重，在艺术设计的道上向来不是一个褒义词，大胆尝试才是获得惑最不可预见却最可靠的前提。

THE STREETS OF TEHRAN · IRAN

◀平行分割的画面，大量投影的黑白灰关系，缺失重心的构图，这样的构图在初学画画的时候是尽量避免的，然而我现在越来越喜欢画这样的场景，因为它们真实。

▶朋友的新房现场，虽然这种构图对设计表现而言没有直接作用，但是缺失的空间，单一的配色，并且没有任何装饰物，这样的空间是最难画的，可以偶尔画一下，训练自己对敏锐度的捕捉。

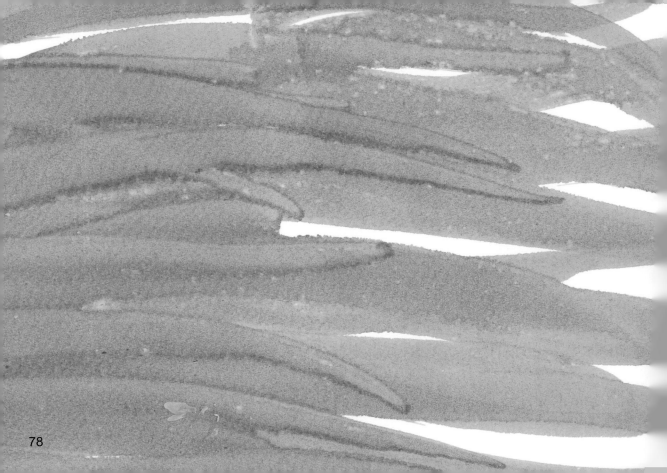

行 travel

享受旅行中的绘画。

旅行日记可能是最真实的绘画载体，所有原理和技法都化为无形，小小的日记本里记录着每次旅途的点点心得，走一路，画一路。开始并没有想象中简单，还记得很多年前开始画日记的时候，心里被各种力量牵制，怕画错怎么办，怕文字写起来不好看怎么办，怕版式不新颖怎么办。其实每个人在初窥门径的时候都会有这种疑惑，直到画了很多年，丢弃掉所有无谓的形式外衣，以纯粹地表达心情为目的的时候，会发现，日记本单纯了。这是一个需要长时间坚持的习惯，也是一个看似不能获取快速进步却能让人长远获益的提升手法。

旅途，并非仅仅指买张票、跟个团、发个朋友圈的短暂体会，而是指整个生活的片段。背包出去玩一趟是旅途；自己做一个设计是旅途；出一本书，从构思到上架是旅途；看一场电影感悟心得也是旅途；人的漫长而短暂的一生就是旅途……有所感悟，有所总结，万千滋味融于笔下，宁负光阴，莫负韶华。

81

OUR OLD HOUSE.
IN THE HONGZHUAN
PRIMARY SCHOOL

MIRROR IMAGE. 2228.

BABY. SHARKLET. ST.
RVD. M. 2018.3.16. PM.

工作室里堆放着各种各样稀奇古怪的小玩
意，有朋友送的，从阿尔卑斯山带回来的
黑水晶原石，有我自己去太行山里捡的野
生文玩核桃，有从老家带回来的三十多年
前的军用水壶，有从网上淘到的八十多年
前的古董香水瓶……而且慢慢发现这些东
西越堆越多，我想，再不加节制，这里就
快变成一个咖啡馆了。

SOIR. DE. PARIS
EVENING IN PARIS
BOURJOIS·1928

E. BLACK

TAL ROCK

SHARK SK

ग्रामी-475
2-78-34

100-8
7340-

SOIE DE PARLS. PURE. 83
PARFUM. MADE IN FRANCE

OLD MARKET. SIEM READ

BUS MODEL. LONDON

HABIT ROUGE SPORT

LONDON ZOO
THE BRIDGE

Thailand

WOODEN WHE

REFRIGERATOR MAGNET

CAMBODIA

REFRIGERATOR MAGNET.
LAMISIL OINTMENT.

LAMISIL CREME
ANTIFUNGAL

SPORT
HABIT ROUGE.
EAU DE TOILETTE
GUERLAIN

GUARDIAN GIAN

CHAN

ALLURE
HOMME

CHANEL ALLURE S
THIS IS THE PRESENT.
GAVE ME FOR MY. BI

SILVER COIN IN C

AMSTEDU

REFRIGERATOR MAGNET.

84

86

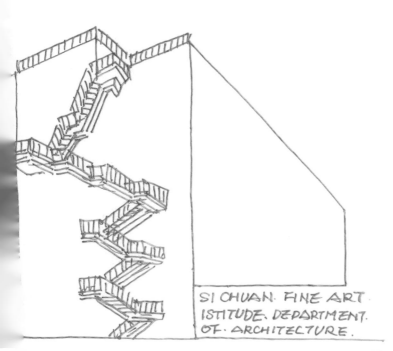

SI CHUAN. FINE ART
ISTITUDE. DEPARTMENT.
OF. ARCHITECTURE.

有些形体，与其纠结，不如无视；有些颜色，
与其分析，不如放手。再深刻的剖析其实也
不如快速而过的一丝闪念。

这个原本为功能而建的隧道有着美妙的灯光效果，吸引着各种活动和展览在此举办，成了川美新校区的标志之一。想想毕业已经十一年了，穿梭于隧道，回忆当初的校园生涯，纵然有很多不愉快，但也都随着自己慢慢地成熟而变成了过往。学会豁然，慢慢放下，就像这个隧道，一头是过去，一头是未来。

曾经的母校四川
美术学院，2003
年考进这里，转
眼就十五年了。
如今的黄桷坪没
了当年的热闹，
新校区也已在迅
速建设和积淀。

CUTRUTR FOT DAZI

90

TANK WAREHOUSE · 2017

黄桷坪正街
HUANG JUE PING STREET

501

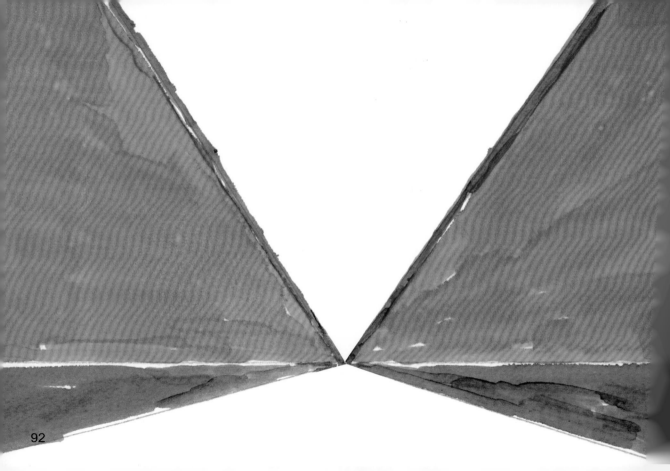

VS

九踩斗拱，向来是明清的皇家定制，在我印象中好像只有紫禁城太和殿和武当山金顶才有这样的制式。我将刻意凸显这种青绿色。

这宫里的石狮子，让我想到了农业银行的石狮子，多为蹲安狮子，看起来挺统而吉祥。

而建设银行门口的石狮子，一般为提安狮子，看起来威严端庄，像动画片《狮子王》里辛巴的造型。

紫禁城

紫禁城，是我国明清两代王朝24个帝的皇宫，于1420年建成，至今600年历史，也是北京的地标式筑。
上一次来故宫了，每次都有不同感觉。这里是世界上现存最大的故群。我个人更喜欢汉唐建筑，是一切都没有实物考证了，著名的阿房宫现已只剩下几面土墙，谁主详述呢？紫禁城的宫墙其实还蛮美的，大气端庄的朱红色。

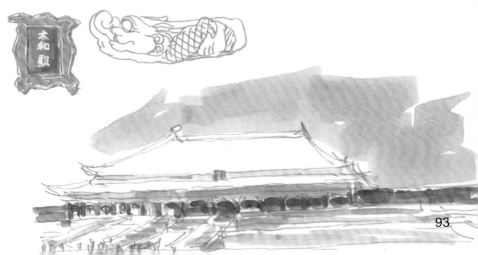

大量精美的雕刻细节，很适
合画画。这里每天闭馆的时
间是下午五点整，而实际游
玩拍照的时间大约在两小时
以内，因此剩余的时间都可
以用来画画。

北京
2018.04.12

LUO NANYI. UIULB
CQJTU. 2018.

故宫有个特点，除
御花园外，其他地
方植物甚少，并且
光影效果强烈，因
此很适合静静地写
生，尤其是建筑的
细部肌理。

94

BRONZE LIONS 2018

95

LUGU·LAKE·
2016.09.27.

THE OTHER SIDE

泸沽湖里柏半岛上
的七号客栈条件还
不错，和云南其他
热门客栈一样，价
格偏高，环境舒适，
早餐不错。

102

QIAKOENMIT. ☒

THE PENINSULA.N'T
INN·LUGU·LAKE.

YUN QI PI.SHE. "RUSHI" ROOM.
2016.8.21. DALI. SHUANG LONG.

大理古城和苍山洱
海确实很美，但是
却被商业很高，也常被
游客。可即使这
样，也没影响我们
旅途中的心情。在
这里画马克笔难度
不小，山是青的，
水是绿的，天
是蓝的，在枝
大地挑战着我
们每个人的色
彩驾驭能力。

源村的老乡卖给
我们的柿子，5毛
钱一个，又便宜又
很甜。我一口气吃
了7个，不过画完
就拉肚子了。

大理古城有一座中
式建筑的天主堂，
我在外面逛了一下，
画了张速写，没有
出去。它用的是传
统建筑中的歇山顶，
若非屋顶的十字架，
则根本看不出建筑
的用途，细看一下
细节挺美的。

LE·GE PENINSU
THE. STARRY SKY
OF "LU·GU LAKE.?

LUGU LAKE.
2015.9.1

97

WAT SUAN DOK TEMPLE.

松德寺是建于14世纪的蓝纳风格的寺庙，庙内供奉着青铜佛像，免门票，位于从酒店前往素贴山的路途上。我们从素贴山下来到宁曼的路途中，这算是较大的一个寺庙。

GANESHA

泰国随处可见的象头神加内什，是印度教神话中主神湿婆和妻子雪山神女的儿子，在东南亚是吉祥与财富之神。我买了一个小巧的青铜象头神迷你像，花了20元人民币。

98

比起精美的素贴寺本身，一路骑行的感觉难忘而美妙。在这里可以俯瞰清迈全城。队友说我每次到了山上就会尖叫，上次去遥狂巴肯山是这样，这次去素贴山也是这样。

CHENGKHLENRO. MUEONG.
CHIANGMAI00300. 2017.

BADHLON TEMPLE
SIEM REAP 2017.8
CAMBODIA

ANGKOT WAT. SIEM
KINGDOM OF CA MBODIA, THE
T&MP OF VISINU

吴哥窟随处可见的仙女浮雕，据
说有将近3000座，每座造型都有
细微的区别。柬埔寨对文化的传
承做得比较好，他们当地著名的
"天女之舞"无论是手的动态，
还是服饰妆饰的款式，都源于吴
哥窟的仙女浮雕。
吴哥寺就是我们以前经常提到的
狭义上吴哥窟"Angkor Wat"的概
念，它是世界上最大的印度教寺
庙建筑群。

SIEM READ ANGKOR
REFRIGERATOR . MAGNET

顺便提一下，吴哥窟的
猴子非常凶猛，一点也
不怕人，甚至会抢人们
手里的食物。这次我就
遇到一只，刚花了一美
元买了个很甜的芒果正
准备吃第二口，就看见
一只猴子凶狠狠地向我
走来，只得把芒果扔给
了，我可不想在国外的
树林里被动物抓伤。

THE ANGKOR VOAT
SIEM READ. CAMBODIA
RUDIB 2017. 8.18 SUMMER

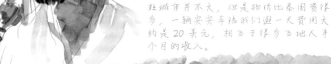

CONVENT OF ST. GALL.
CONFÉDÉRATION SUISSE

突突车是这里很方便的交通工具，逛
逛城市并不大，但是物价比泰国贵很
多，一辆突突车陪我们逛一天费用大
约是20美元，相当于很多当地人半
个月的收入。

102

2016. THE MUSK OF CLIFF RESTOURAT.

The Racha 2016.
Phuket. the Thailand.

103

除了巴肯山和小吴哥，我特别喜欢第二天大圈行程中的各处寺庙，包括圣剑寺、比粒寺、龙蟠水池、塔布隆寺、塔逊寺等。

TA SOM.

LONG CORRIDOR IN TASOM. SIEM REAP

WILD CAT.
IN TASOM.
SIEM REAP.
CAMBODIA. 2016.
VP. BOB.

104

PHNOM BAKHENG
SIEM REAP 2017

Y M C K

PREAH KHAN

A.IW 205 W 125

唯一不满意的就是女王宫和崩密列的旅行，由于太信任一个老乡开的旅行团，结果被他坑了。原本人生四大喜事中的"他乡遇故知"变成了闹剧，"老乡见老乡，两眼泪汪汪"这次变成了"老乡见老乡，黑心敲棒棒"。

The stone statues of Shiva on to top of Buchan mountain

NEST RANDERS, STEALING.
AND EATING OTHER BIRDS
EGG AND. CHICKES. THEY.
BELONG. TO THE CROW FAMILY

SCARLET
IBIS-1

EASTERN
YELLOW ROBIN

M REAP
Map

柬埔寨道路随处可见硬追着我们买东西
和索要糖果的小孩子，其实可以理解，
不少家庭经济比较困难，但是这样的风
气真的好吗？对于我们而言一两美元真
的不是问题，但是对于他们而言，这可
能会影响人一辈子的很多
观念和行为，我很敬佩道路
其中一个学校的孩子们，他
们辛苦地做着手工牛皮工
艺品，以自己的劳动换取着
自身的价值和人们的尊重。

ANGKOR TEMP
2015. SIEM REE

BE CAB

SMENTOR-SMQ

ANG WA

5020

67
TUSUAUI
TOTADE
14-04

MOK
CJNE

POSN

ENTOF ST GALL
DÉRATION SUISSE

105

ស្រាវជ្រាវ ប្រាសាទ ព្រះវិហារ

PREAN. VIHEUK TEMPLE

柏威夏寺

居高临下，吴哥胜境尽收眼底，眺望远处的
荔枝山，仿佛回到了一千多年前，这里供
奉的是印度教的湿婆神。其实吴哥古迹群
被联合国教科文组织列为世界文
化遗产的就是小吴哥和柏威夏寺。

PREAH-VIHEAR

KHMER-TEMPL

THE WORLD CULTURAL
HERITAGE SITES 2008

来这里一次还真不容易，距离暹粒市区确实太远了，由于地处五百多米高的悬崖，鲜有战火侵蚀，保存相对较好。经常看网上抱怨吴哥景区的物价和基础设施，但是当面对如此震撼人心的古建筑群时，还能说什么呢，或许是值得庆幸的，正因为落后的经济条件，我们才能如此近距离了解吴哥最自然的样子。

YOUNG CAMBODIAN SOLDIERS SCRUBBED THEIR GUNS IN THE PREAH VIHEAR TEMPLE.

ELEPHANT
RESTAURANT

2 DERENDER. D. UNTER
Düsseldorf

SIEM REG.
BACEÕMI
LONEY·UMTI

OF AMSTERDAM

KNF 673

AMSTERDAM.
HOLLAND. 2017.

SOASS ERNST

GELD
DING

UTV
UNSERE TEST VISION
INTERAKTION DYNAMIE
ZIRKULATION NETZWERK BOTTOM
EMPFÄNGER SENDER EMRER
PRÄSENZ KONSUMER TRANSPARENT

MONITOR

ROSKIIDE

NORD

16

Maelbeek

109

LO-KUAN. 2017.

EUTIGEG

THE ANGKOR VOZT.
SIEM REAP. CAMBODIA
2017.8.18 SUMMER

哥本哈根皇家卫队，头
上戴着巨大的熊皮帽
子，身穿大红色仪仗队
礼服，并且个头很高。

哥本哈根运河贯穿了整个城市，漂亮的克里斯
蒂安港就在这里，五彩斑斓的房屋，糖果般的
建筑，使其成为丹麦最有观赏价值的地方。

哥本哈根斯塔罗里耶购物街非常热闹，据说是欧洲最长的步行街。这里品牌林立，CHANEL、HERMES、Dior 等旗舰店随处可见。不仅如此，这里还是当地居民的自娱自乐之地，有很多文化表演。这里原本是哥本哈根最古老的市场，还有不少中世纪建筑保存至今，始建于公元17世纪，东起国王新广场，西至市政广场，中间还有阿美广场，十分热闹。不过在从哥本哈根回德国的路上并不顺利，在途经意大利的时候，我们因交通问题被困，导致下机延误，机票损失三千多元并且不得不重新购买。

COPENHAGEN
STARO. LILLE SHOPPING. STREET

111

VICTORIA HOTTLE

paustian

POSTION 中 781

荷兰的阿姆斯特丹被称
为现代设计的试验场，
很多当代作品都会在这
里进行展示和陈列，这
次行走匆匆，走马观花
未能尽兴，下次一定多
买一些拓回去。

在这里住了一个开
心的圣诞节，跟他
还摆了一个POSE，
说希望我们以后有
机会再这去看她。

HUANG

PAUW

SHARP

VICLL

112

AMSTERDAM. 2017.12

ANSE

REGION CENTRE 7A
COMIC STRIP ART...
MAGASINS D'ALCOUER

ZIDROU

COMBI

比利时布鲁塞尔，来这里第三天去了漫画中心，
它坐落在布鲁塞尔商业区的一栋老百货商店里，
后来被改造。以英、法、荷文展示了不少漫画
作品，看了一下价格，都非常贵，而且做工比
较差，果断放弃购买。

Tintin Busta
310.00€

Tintin Buul
PEUTINTOT...
310.00?

TINTO
LE LOTOSU

TINTIN
LE LOT.

Tintin Mole
STATUENTS
235.00€

MAGB
SINGIB

C18

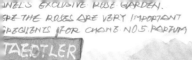

...NEL'S EXCLUSIVE. ROSE GARDEN.
ARE THE ROSES ARE VERY IMPORTANT
REDIENTS FOR CHANEL NO.5 PARFUM

TAEDTLER

LA QUEUGNON

BELGIAN. COMIC ART CENTER. 2017.3. ZHOUXIAN
BO. SAT ON AN ORANGE. VINTAGE.
CAR. SCULPTURE.
The Show must go

B

NEAO 50

如果要问我对比利 并且停车费用极高，
时最深刻的印象是 我们在这里
什么，那就是超高 游玩一天的停车费折合人民币大
的物价，在泰国吃 约240元，差不多在国内是商业
一顿海鲜饭大约30 停车场半个月的费用。
元人民币，这里差
不多要花掉150元。

CHRISTI

LES MOTS ET. LES IM-
AGES.

115

THE CI

[MOVE]

DMING
TRATI
R1-45

G3-4. 31-46.
ADMINISTRATION
R4-14. SALLES. DE. RE
REUNION.-MEETING
AUBERGE. DES. 3. R

B

2

MUSÉE MAGRITTE. MUSEUM. FROM THE QUOTIDIAN TO.
THE EXTRADINARY. MUSÉE FIN-DE-SIÈCLE. MUSEUM

REG
FONTAINES

01404-1

KENCIU

ANNO · NOM
M. MEF · CNI

STADTTURM.

RUD · B · MT
SEIF · POPTR

118

119

我比较喜欢看电影，无论哪个国家的，也无
论是战争题材还是文艺题材，我会在看第二
遍的时候把喜欢的场景截图保存，画成一些
小场景，虽然谈不上创作，但是可以提高手
绘的能力，特别是驾驭大场景和空间的能力。

బాహుబలి
THE BEGINNING. BAHUBOLI

BAHUBALI. Q
KATTAPPA

KATTAPPA

2016年上映的印度电影《巴
霍巴利王》拍得还不错，
画面漂亮，并且洋溢着浓
浓的古代文化气息。

空旷的大场景并不容易表现，尤其
是对马克笔而言，宽大的笔触往往
容易成为营造空间的阻碍，因此去
风格化非常重要。其实稚嫩的画和熟练的
画差异就在一念之间，敢于在画面中敞开
表现欲望，是成功的关键。

120

DEVASENA'S UNDERLING

巴霍巴利王在战胜了卡拉卡亚以后，和将士以及百姓一起汇聚山顶，分享胜利。皇太后西瓦伽米选择巴霍巴利成为新国王的时候说了一句话："如果说杀一百个敌人是伟大的勇士，那么，拯救百姓，哪怕是一个百姓的命，那他就是神。"

巴霍巴利在开战前拒绝屠杀牲口祭神，他用自己的手背划过刀刃，以自己的血完成了战前仪式，得到了将士的尊重。

BOHUBALT

SIVAGAMI.
EMPRESS.
DOWAGER

121

学生作品

对于辅导的学生作品，我主张一个观点，既要从课堂有所得，又要坚持自己的风格，否则就没有意义。

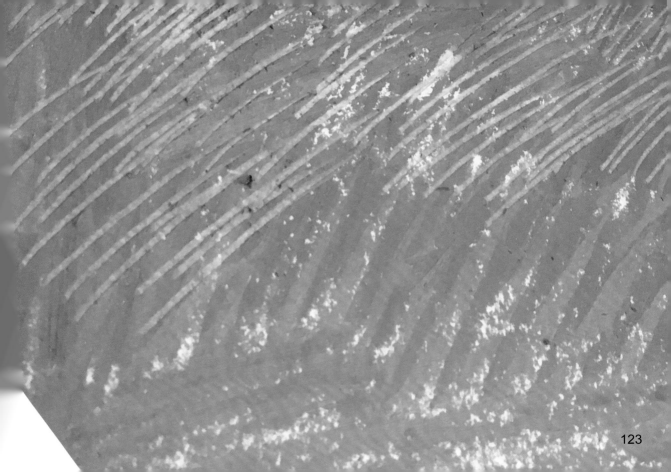

123

黄珂爽同学画了一套蓝白小镇"舍夫沙万"，取名叫海天之旅，没有笔触，没有形体，只有浓烈而纯粹的阳光，海天一色，清爽宜人，这样画手绘，快乐而无惧，体现出作者本人较好的心态和色彩修养。

125

王艺涵同学和刘启文同学的马克笔表达风格都很小清新，只不过路数不同，一个活泼，一个文艺，她们都在用自己对清爽的理解去驱动和诠释心里的色彩。

看了她俩的画，会思考一个问题，何为刻板，何为灵活？刻板和灵活的定义不在于用笔的排列上，而在画画的行为方式和心态走向上。她们的画都很生动，只是体现的方式截然不同，然而有一点是相同的，就是看了都会让人心情舒畅。

张可欣同学的手绘风格特别明显，颜色雅致却不失艳丽，这是尤其难得的，特别是棕色调较明显的砖红色，驾驭起来很难掌控，然而她却处理得很不错。大气的手绘就是这样乱而有序，每个细节相互缠绕，却井井有条。

暗部的处理，虽然厚重，却很通透。

亮部的处理，虽然凌乱，却很精致。

室内手绘图最重要的不是形式感，如果画得因概念化而丧失温馨，那么画来有何意义呢？在这一点上，她处理得很好，她的画氛围感很强。

129

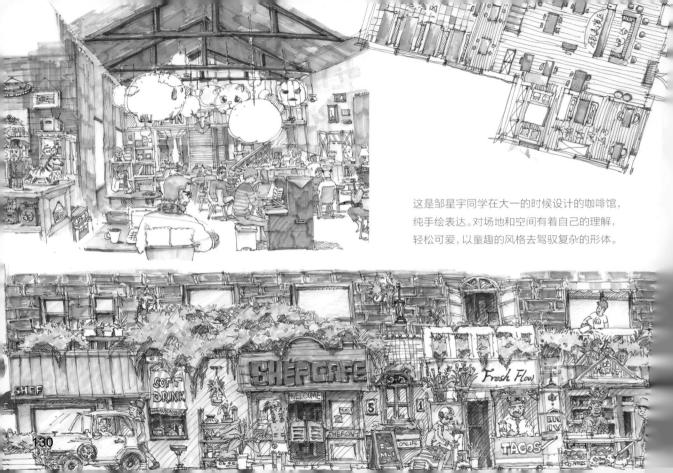

这是邹星宇同学在大一的时候设计的咖啡馆，纯手绘表达。对场地和空间有着自己的理解，轻松可爱，以童趣的风格去驾驭复杂的形体。

131

张涵煦同学的藏族民居和王若琛同学的芝加哥建筑，这两套作品分别获得了 2011 年和 2012 年中国手绘设计大赛写生类的一等奖。前者是在稳重的图面效果里透露出轻松潇洒的行笔习惯，后者是以旅行碎片的方式记录出学习的轨迹，都很不错。

THE SCOTS KIRK
CHURCH OF
SCOTLAND 17
Obtique Market
PRESBYTERIAN
Église de la Madeleine

CHICAGO
THEN & NOW

INTERSTATE 20

TAXI

The most noticeable building today near the former Keach Fruit and Vegetable Market site houses people, not produce. Nonviolence prisoners in work-release programs and handled in building that the Marion Cowboy Sheriff's Department calls "the Annex" to its Jail. Stretching above the former Keach site is an enclosed walkway from a parking garage to Conseco Field house.

IMAGINA

KEACH 112

THEATER WAS REFURBISHED ONCE ND'S FAIR, BUT IT WOULD WANT ANOTHER RE THE LAUGH BAROQUE INTERIOR WAS ASTER OF MOVIES, THE THEATER NOW CERTS AND PERFORMANCES.

The skybridge was designed with "retro architecture", just like the standings for the Indiana Pacers. Elsewhere in today's Wholesale District are restaurants, nightclubs, deli's, and coffee house. Eli Lilly and Co, of course became a $ billion pharmaceutical giant that has manufacture of produce and other drugs, distributed around the world. Eventually, the international headquarters, the Wholesale District was first

FANDI

205

STA

USA-E-U.

P P

CHICAGO

CHICAGO
THEN & NOW

WELL MAYBE IS KFC

This Beaux-Arts
Style Classical Rev
-ival building was
one of the three such
buildings in the nation
and is the oldest
surviving in CHICAGO

CITY
SIGN
YOU KNOW ABOUT

AD,   ENTRANCE the Auditorium complex.
University occupies the Auditorium complex, having purchased it in 1946 and converted the hotel and office space into classrooms. The theater is still operational and famed for its superlative acoustics and sight lines.

Home to the Chicago literary movement of the 1920s, the Fine Arts Building (center) today contains an art-film house on the First floor and numerous music and dance studio above.

INDIANAPOLIS
THEN & NOW
South

EISNER

COFFEE

South Michigan Avenue circa 1890 featured several fine examples of the prevailing Romanesque style. Auditorium Building stands at left, a theater-hotel-office that established Adler & Sullivan as the forerunners of architecture. When completed in 1889, the Auditorium's story tower on its south face, rising above the ten-story was the highest point in the city. At center, designed with abundant windows to light carriage showrooms. Studebaker building was reborn in 1889 at the Fine Arts Buil t right, the original Burnham & Root-designed Art Institute.

P SOUTH
MICHIGAN
AVENUE

It's my to

133

When the new Art Institute was built in the 1870s private Chicago club purchased the old building at night.
reservations in 1929, the original structure

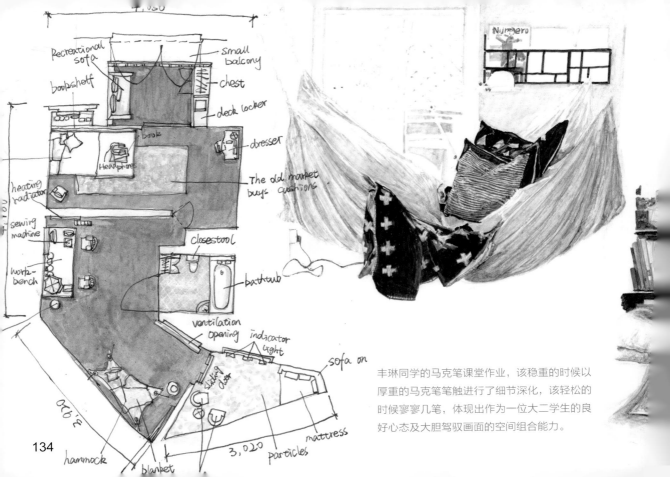

Recreational sofa
bookshelf
heating radiator
sewing machine
work-bench

small balcony
chest
clock locker
dresser
book
Headphones
The old market buys cushions
closestool
bathtub
ventilation opening
indicator light
sofa on
sliding door
mattress
particles

Numero

1,030

2,100

ocb'z

hammock

blanket

3,020

丰琳同学的马克笔课堂作业，该稳重的时候以厚重的马克笔笔触进行了细节深化，该轻松的时候寥寥几笔，体现出作为一位大二学生的良好心态及大胆驾驭画面的空间组合能力。

134

135

miroir, miroir.
Je ne voulais pas savoir qui
est la plus belle du monde,
qui est le plus intelligent du monde et,
qui est le plus rich du monde non plus.
Ce que je voulais savoir seulement
si la fille la plus heureuse du monde,
dont l'âme vole enore, sa's nots
Au moment où je me réveille,
si c'était toute seule.
je serai la princesse la plus heureuse.

王娅菲同学的画轻松大气，画面鲜艳且
具有不错的视感，擅长运用多种工具对
画面进行塑造，敢于尝试是很好的开始。

137

138

宋宜靓同学的《法国小镇》，与技法相比，手绘更需要阳光和快乐，她的画面生动耐看，又不失空间构成，洋溢着轻松明快的绘画感。

141

142

余润泽同学的《旧金山 39 号码头》，内心细腻而澎湃
的驾驭力，深厚的造型功底通过童趣的风格散发得淋
漓尽致。

144

DOBBAR
EN QIN QIQIN
DIQQINSIO
SGNBQNO

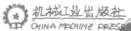
机械工业出版社
CHINA MACHINE PRESS

MY BIRTHDAY. WUHAN
DU TI YUAN. 402. 2916.5.

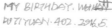

TEACHER SONG
AND ME 2018.

146

马克笔寄语

写完这本书，心情很愉快，然而也很复杂。它几乎和前一本《水彩速写》同时撰写，出版上市仅仅相隔六个月，无论从理念还是格调均一脉相承，因为无论是水彩还是马克笔，它们都仅仅只是一种工具，不能左右人的思维。早在研究这两种笔之前，我就想过一个问题：风格，来自于笔，来自于画，还是来自于人，或者说根本不应该存在所谓风格？在这本书里，我几乎展示了自己画的所有风格的马克笔速写，有钢笔起稿的，有铅笔起稿的，有写实风格的，有抽象风格的，有传统的，也有当代的，有严肃的，也有卖萌的。或许，一本书就应该是这个样子，传达出来的除了技法，还应该有意识形态，有能让我们作者和读者都为之不断前行的动力。我们作为画者，没有权力去告诉所有读者应该怎样，而是只能以自己的经历和作品，告诉大家，事物或许可以这样。没有哪种所谓的风格是值得长时间走下去的，定式的路数，不会很远，只是很深，深得让人迷茫，直至迷失。放下执着，才能得到执着。所以，无论你有没有美术基础，无论现在想做什么，试一下吧，学会忘记，以新的方式去驱动自己往前走，多尝试，多思考，不需要去博得别人的赞赏，只需要真正地提升自己，问心无愧。

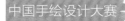
中国手绘设计大赛

指导获奖心得

评选作品心得

作为获得国际室内设计组织认可的中国室内设计师的学术团体，中国建筑学会室内设计分会 CIID 主办的大赛，中国手绘设计大赛已经走过了十四个年头，在国内享有较高的声誉。我的工作室从 2011 年至今辅导学生参赛已获得 7 个一等奖，二等奖和三等奖若干。不少同学在问有何诀窍，而恰逢 2017 年自己也受邀担任大赛评委，我就把自己的四点真实心得和大家分享一下，愿共勉：

1. 不要低估了评委的眼界，参赛作品鼓励原创，不可抄袭和随意临摹，而事实上作为手绘学习者，这是对自己的基本要求，也是任何门类都必须坚守的学术底线，不仅尊重大赛，也尊重自己。

2. 当你自己具有一定风格的艺术语言的时候，相信我，最好坚定自己的信念并且一如既往地走下去，手绘效果图并非纯粹的设计表达，也是艺术语言的体现。

3. 工具表达需要多样化，不要刻意去追求马克笔或者彩色铅笔，没人会因为你用马克笔画出水彩效果而赞同你，工具只是外在技法，画面本身的情趣和空间才是重点。

4. 不要把自己的眼界限定在效果图的表现上，多看文学作品，多了解当今的文化形态与意识流，在画面中能默默地体现出来，是金子总会发光。

RUDB.2017

 重庆小鲨鱼手绘工作室

刁晓峰

本科和硕士毕业于四川美术学院

现任教于重庆交通大学

重庆小鲨鱼手绘工作室创立人

2017年中国手绘设计大赛评委

2013年中国手绘设计论坛演讲嘉宾

2012、2013、2015年中国手绘设计大赛最佳指导教师

2010-2016年辅导学生获得中国手绘设计大赛一等奖共7个

已出版的专著有《手绘的态度》和《快乐手绘》

马克笔

刁晓峰 著

速写

设计师的手绘小册

marker sketch

超越设计课 速写轻松学

机械工业出版社
CHINA MACHINE PRESS

大容量，详细的马克笔技法讲解 ◀

零基础学生也可以轻易上手学习 ◀

中国手绘设计大赛指导心得分享 ◀

设计表达的必修课程 ◀

分享旅途绘画的乐趣 ◀